Shatirah Akib
Daniel Morris

Análise da descoloração da água potável

Shatirah Akib
Daniel Morris

Análise da descoloração da água potável

ScienciaScripts

RESUMO

O objetivo desta investigação é explorar a causa raiz dos eventos de descoloração que ocorrem nas condutas de água potável, as técnicas de limpeza de condutas disponíveis para passar os parâmetros de qualidade da água da DWI (Drinking Water Inspectorate) na primeira oportunidade. A DWI é a entidade reguladora do sector da água no Reino Unido. Analisar os dados sobre a qualidade da água em relação a outras empresas de água do Reino Unido para compreender as diferentes concentrações de partículas em diferentes partes do país. Determinar se os contactos dos clientes em relação à descoloração diminuíram ao longo da última década e que trabalhos estão a ser desenvolvidos para minimizar os eventos de descoloração e garantir o abastecimento seguro de água no futuro.

A descoloração da água potável pode ser definida como;

> *"A descoloração está associada à mobilização de partículas acumuladas nas redes de distribuição. Essas partículas têm diferentes tamanhos e densidades e, portanto, provavelmente têm diferentes origens, muitas vezes caracterizadas como fontes externas ou de processos que ocorrem dentro do sistema."*

(Vreeburg, 2008)

A literatura atual identifica três materiais principais que estão ligados à descoloração: alumínio, ferro e manganês. Ao longo do tempo, estas partículas acumulam-se no interior das paredes da tubagem e, quando a velocidade do fluxo aumenta, por exemplo, num cenário de rebentamento de um coletor de água, a tubagem é lavada e as partículas são mobilizadas para a rede. O cliente pode sentir estas partículas na torneira e um impacto visual das partículas leva a queixas dos clientes.

Durante este estudo, foram analisadas as duas principais metodologias de limpeza, a pigagem com gelo e o jato de pressão. Os dados sobre a qualidade da água após a limpeza das condutas foram disponibilizados e analisados, para uma série de condutas que eram predominantemente condutas de ferro fundido.

A NWG adoptou uma série melhor dos critérios de teste da DWI e a análise dos dados identificou que a metodologia de pigagem com gelo passou os critérios de teste em todas as ocasiões e é também uma técnica mais rentável e menos intrusiva do que o jato de pressão, mas a limitação desta solução é que só é adequada para diâmetros internos de tubos de 560 mm ou menos. Em qualquer dos casos, foi adoptada a metodologia de jato de pressão.

Uma análise dos dados relativos à qualidade da água de outras empresas de abastecimento de água no Reino Unido determinou que, em geral, as concentrações de partículas no abastecimento de água do NWG são, em média, inferiores, o que se deve aos critérios de ensaio rigorosos que foram adoptados durante os trabalhos de limpeza, pelo que se esperam concentrações de partículas mais baixas.

Além disso, desde que os trabalhos de limpeza foram concluídos, comparando os contactos em 2007 e 2017, os contactos dos clientes da NWGs por descoloração reduziram-se em cerca de 79% neste período de 10 anos.

Conteúdo

CAPÍTULO 1

1. INTRODUÇÃO

Trabalhando na indústria da água, e especificamente no sector das redes de água potável, o investigador tem um interesse ardente no assunto sobre como ocorre a descoloração da água potável, que soluções rentáveis estão disponíveis para limpar as condutas de acordo com as normas DWI e para manter um abastecimento de água potável limpa e segura para o consumidor no futuro. Além disso, o investigador está interessado em compreender quaisquer desenvolvimentos futuros que possam condicionar e manter o sistema de distribuição de água, para minimizar os eventos de descoloração no futuro.

A água potável segura e limpa é a nossa necessidade mais básica, mas fundamental para a manutenção da vida. Embora a água descolorida seja, em geral, segura para beber, desde que se deva a produtos químicos como o ferro e o manganês, para o consumidor é algo que não é agradável de experimentar. No Reino Unido (RU), todas as empresas de abastecimento de água são obrigadas a fornecer a todos os seus clientes água potável limpa e segura, de acordo com as normas da DWI. O investigador, que trabalha como consultor técnico para a NWG, que fornece água potável a mais de 2,6 milhões de clientes no Nordeste de Inglaterra, está totalmente empenhado em fornecer um elevado nível de água limpa aos seus consumidores. Ao longo do tempo, sedimentos inofensivos podem acumular-se nas paredes internas dos tubos das condutas de água e, se forem mobilizados através do aumento da velocidade do fluxo, podem potencialmente fazer com que os clientes recebam água descolorida.

Subsequentemente, a NWG embarcou numa fase inicial de 66 milhões de libras para limpar/acondicionar mais de 171 km de condutas de água, melhorar a qualidade da água da torneira para mais de 500 000 clientes e certificar que os seus activos cumprem as normas da DWI e, em última análise, reduzir os contactos dos clientes por descoloração de 15 000 em 2004 para 2 500 em 2020 e para ZERO em 2050.

1.1 Antecedentes do problema

Nos últimos 15 anos, a NWG recebeu mais de 20.000 queixas de clientes diretamente relacionadas com água descolorida na torneira. Segundo a DWI e as suas próprias normas internas, esta situação não é aceitável e pode dar origem a multas até e superiores a 16 milhões de libras pela OFWAT, que é a Autoridade de Regulação dos Serviços de Água e o organismo responsável pela regulação económica da indústria privatizada da água e dos esgotos em Inglaterra e no País de Gales. Se os contactos relativos à descoloração da água não diminuírem e a qualidade da água não melhorar, foi adoptada uma abordagem que consiste em manter o abastecimento, na medida do possível, e limitar o risco de incidentes de descoloração. Nos seus trabalhos, a NWG optou por adotar uma abordagem de limpeza *"da fonte até à torneira"*, começando na estação de tratamento e descendo pela rede até à rede de distribuição e, por fim, até à torneira do consumidor.

1.2 Objectivos da investigação

O objetivo deste trabalho de investigação é;

- -Determinar o que causa a descoloração em condutas de água potável e avaliar uma gama de metodologias de limpeza/condicionamento de condutas disponíveis.
- -Rever os dados relativos à qualidade da água em relação às normas da indústria, comparar os dados relativos à qualidade da água da NWG com os de outras empresas de abastecimento de água e identificar o material dos tubos mais suscetível de descoloração.
- -Avaliar as obras de engenharia civil necessárias para facilitar os trabalhos de limpeza/acondicionamento, a metodologia mais rentável e analisar se os trabalhos de limpeza reduziram os contactos dos clientes em relação à descoloração.

1.3 Metodologia geral

É efectuada uma revisão da literatura para compreender como ocorre a descoloração nas condutas de água potável e que materiais estão diretamente ligados à descoloração da água. É feita uma comparação de análise de dados entre duas metodologias de limpeza, sendo uma delas o método tradicional de jato de pressão e a outra, que é um conceito mais recente, de pigmentação com gelo.

É efectuada uma avaliação quantitativa dos dados disponíveis sobre a qualidade da água e uma análise das duas metodologias para determinar a técnica mais bem sucedida em termos de cumprimento dos critérios de ensaio do NWG e, por conseguinte, dos regulamentos da DWI, o mais rapidamente possível. Além disso, são analisadas amostras da qualidade da água de outros fornecedores de água do Reino Unido para determinar que fornecedor de água está a fornecer aos seus clientes a água potável mais limpa.

Efetuar uma avaliação das obras de engenharia civil necessárias para facilitar os trabalhos de limpeza e determinar qual das duas técnicas é a mais rentável, de menor risco e que cumpre as normas da DWI o mais rapidamente possível.

Por último, é feita uma análise dos contactos dos clientes em relação à descoloração e confirma-se se os contactos diminuíram desde que os trabalhos de limpeza foram concluídos. São tiradas conclusões para determinar qual das técnicas de limpeza é a mais adequada em termos de taxa de sucesso à primeira vez e de relação custo-eficácia e é preparada uma recomendação.

CAPÍTULO 2

2. LEITURA DE LITERATURA

2.1. Âmbito de aplicação do capítulo

Esta secção é uma revisão da literatura aplicável em relação aos factores que influenciam a descoloração da água, às metodologias de limpeza disponíveis para manter uma rede de água limpa e aos desenvolvimentos actuais para acondicionar as condutas de modo a garantir um abastecimento de água potável seguro e limpo no futuro. Para compreender as causas profundas e a importância de lidar com este problema em relação à saúde pública, é feita uma análise das publicações actuais da OMS (Organização Mundial de Saúde) e do DWI, das revistas académicas, das especificações de engenharia e dos melhores documentos de orientação.

2.2. Causas da descoloração da água

A descoloração da água não é um problema novo e é uma das causas mais prevalecentes dos problemas de qualidade da água no Reino Unido. Há uma série de factores que causam a descoloração, (Vreeburg, 2008) afirma que *"a descoloração está associada à mobilização de partículas acumuladas nas redes de distribuição. Essas partículas têm tamanhos e densidades diferentes e, portanto, provavelmente têm origens diferentes, muitas vezes caracterizadas como fontes externas ou de processos que ocorrem dentro do sistema."* Este facto confirma que as empresas de água a nível mundial são obrigadas a garantir que as suas redes de distribuição são condicionadas ou limpas regularmente para minimizar a acumulação de partículas nas tubagens e, assim, reduzir o risco de as partículas serem mobilizadas através do aumento das velocidades de fluxo e conduzirem à descoloração.

A água que os consumidores bebem é geralmente adquirida a partir de uma série de fontes, como identificado por (Quarini, G, 2010) *"Tipicamente, a água potável é proveniente de nascentes, rios ou poços, é filtrada em leitos de filtro de areia para remover partículas relativamente grandes e depois clorada para reduzir a atividade biológica para níveis desejados antes de ser introduzida na rede potável. As fontes e as vias de tratamento não removem necessariamente as partículas muito finas da água".* Isto significa que a fonte e o processo de tratamento não removem totalmente as partículas na água e podem ainda entrar no sistema da rede de distribuição e levar à descoloração.

Estas partículas podem entrar na rede de distribuição a partir do processo de tratamento da água (Postawa, D, 2013) *"A presença de ferro e manganês na água potável fornecida aos consumidores pode ser resultado da composição natural da água ou pode dever-se a uma contaminação secundária. Esta contaminação pode ocorrer na captação, no tratamento ou durante o fluxo de água no sistema de distribuição, tanto na rede de tubagens de água como nas instalações das propriedades".* Dependendo do local onde a água bruta é obtida, normalmente a fonte de água tem impurezas significativas que não são seguras para beber. A água bruta deve passar por um processo de tratamento para garantir que essas impurezas sejam removidas na medida do possível e que a água potável seja transferida para a rede de distribuição. No tratamento, a água bruta é sujeita a uma série de processos, sendo um deles conhecido como coagulação. A coagulação ocorre quando a carga negativa das partículas é neutralizada, normalmente através da adição de cargas positivas, como as fornecidas pelo alúmen. A neutralização das partículas permite que elas se aglomerem, formando partículas maiores que são mais fáceis de assentar e remover (TechAlive, 2017).

(N. D. Tzoupanos & A.I Zouboulis, 2008) *"O coagulante metálico mais utilizado é provavelmente o sulfato de alumínio ("alum"), que tem sido utilizado para o tratamento de água durante as últimas décadas."* O alumínio, que está diretamente ligado à descoloração, é utilizado para remover grandes partículas de sedimentos na água bruta. No entanto, a dosagem de alumínio utilizada no processo pode ser excessiva e, por conseguinte, suscetível de entrar na rede de distribuição e provocar potencialmente a descoloração. Isto é ainda apoiado por (Cotruvo, 2017) *"O alumínio que ocorre naturalmente, bem como os sais de alumínio utilizados como coagulantes no tratamento da água potável, são as principais fontes de alumínio na água potável. A presença de alumínio em concentrações superiores a 0,1-0,2 mg/l (miligramas/litro) conduz frequentemente a queixas dos consumidores em resultado da deposição de flocos de hidróxido de alumínio e da exacerbação da descoloração da água pelo ferro."* Isto ilustra que é necessário um desempenho ótimo das estações de tratamento para garantir que quantidades mínimas de concentrações de alumínio entrem na rede de distribuição.

Outra partícula que está intimamente ligada à descoloração é o ferro. [th]A maioria das condutas de água potável do Reino Unido é geralmente feita de ferro fundido e uma parte significativa foi construída no início ou em meados do século XX. *"O ferro fundido é forte mas quebradiço, mas normalmente oferece uma longa vida útil e é razoavelmente isento de manutenção. No entanto, as tubagens de ferro fundido já não são fabricadas devido à suscetibilidade à corrosão interna e externa"* (Deb, 2002). Em geral, a vida útil projectada de uma tubagem de distribuição, independentemente do material da tubagem, varia entre 60 e 90 anos. Esta afirmação é apoiada e (DWI, 2009) *"O ferro está presente naturalmente em muitas fontes de água. É removido pelo tratamento da água. Alguns compostos de ferro são utilizados como produtos químicos para o tratamento da água. No entanto, a fonte mais comum de ferro na água potável é a corrosão das condutas de água em ferro."*

Isto indica que uma parte significativa da infraestrutura de água enterrada está a chegar ao fim da sua vida útil, sendo mais suscetível à corrosão e necessitando de ser substituída. Devido ao envelhecimento das tubagens e ao aumento do risco de corrosão das condutas de ferro fundido, estes activos são mais susceptíveis à sedimentação de partículas nas tubagens e factores externos, como o aumento da velocidade do fluxo, podem perturbar os sedimentos e provocar descoloração e problemas de qualidade da água.

O manganês é outra partícula que é atribuída à descoloração da água (Sly, 1988): *"Nos sistemas de distribuição de água potável, a lama dos depósitos de óxido de manganês resulta numa água de má qualidade estética, com uma cor castanha-escura e um sabor indesejável que provoca manchas."* Tal como o ferro, o manganês entra geralmente no sistema de distribuição através das estações de tratamento, onde o tratamento não é capaz de remover totalmente as partículas.

2.3.   Qualidade da água

A OMS (Organização Mundial de Saúde) e o seu principal objetivo em relação à qualidade da água é estabelecer as normas à escala global para o abastecimento de água aos países desenvolvidos e em desenvolvimento. (Cotruvo, 2017) *"As doenças relacionadas com a contaminação da água potável constituem um grande fardo para a saúde humana. As intervenções para melhorar a qualidade da água potável proporcionam benefícios significativos para a saúde."* Isto significa que a qualidade da água tem um impacto significativo na saúde humana e que a manutenção da qualidade da água é fundamental para a saúde pública e reforça a necessidade de manter uma rede de água limpa e um processo de tratamento eficiente e de garantir o abastecimento futuro de água potável.

Quando são recolhidas amostras de água após a limpeza de uma conduta, antes de a conduta voltar a ser abastecida, a OMS estabeleceu os limites de concentração de uma vasta gama de minerais na água que não devem ser excedidos para garantir que a água potável não se torna um problema de saúde pública. Neste estudo, concentra-se em três materiais primários que são medidos em amostras de qualidade da água e que estão diretamente relacionados com a descoloração da água. Os seguintes parâmetros de concentração foram identificados e não devem ser excedidos;

- Aluminium (Al) – 0.4 mg/l
- Iron (Fe) – 0.4 mg/ l
- Manganese (Mm) – 0.4 mg/l
- Turbidity NTU – 4 NTU

mg/l = milligram/ litre

NTU = Nephelometric Turbidity Unit

(Cotruvo, 2017)

No entanto, no Reino Unido, o DWI, que supervisiona a qualidade da água, estabelece os requisitos nacionais e é mais rigoroso na sua abordagem à qualidade da água. O Reino Unido, enquanto nação desenvolvida, tem capacidade para corresponder às expectativas sociais de dispor de água potável limpa e segura em qualquer altura, mas as diretrizes da OMS abrangem parâmetros globais da água, o que também inclui nações em desenvolvimento que podem não dispor de infra-estruturas de água semelhantes às dos países ocidentais. Os parâmetros estabelecidos pela OMS continuam a estar dentro dos limites de segurança e constituem uma orientação para o mundo, mas as nações têm competência para estabelecer os seus próprios objectivos internos, desde que não excedam as diretrizes da OMS. Os parâmetros da DWI são especificados no Quadro 2.1;

Quadro 2.1 - Limites de concentração da DWI para o Reino Unido

Parameters	Concentration	Units of Measurement	Point of compliance
Aluminium	200	µgAl/litre	Consumers' taps
Colour	20	mg/l or Pt/Co	Consumers' taps
Iron	200	µgFe/litre	Consumers' taps
Manganese	50	µgMn/litre	Consumers' taps
Odour	< 1 at 25°c	Dilution number	Consumers' taps
Sodium	200	mgNa/litre	Consumers' taps
Taste	< 1 at 25°c	Dilution number	Consumers' taps
Tetrachlorom	3	µg/litre	Consumers' taps
Turbidity	4	NTU	Consumers' taps

(Drinking Water Inspectorate, 2010)

µg/litre = microgram/ litre

A diretiva estabelece que estes parâmetros devem estar em conformidade na torneira do cliente. Se, no sistema de distribuição, estes parâmetros forem excedidos, mas estiverem dentro dos limites na torneira do consumidor, isso continua a ser conforme. Para efeitos deste estudo, os três produtos químicos que estão ligados à descoloração e que foram testados na análise da amostra da qualidade da água (secção 4) são o alumínio, o ferro e o manganês.

Além disso, o NWG decidiu ser mais rigoroso no seu calendário de testes e demonstrar que pode reduzir os níveis de concentração e exceder substancialmente as diretrizes da DWI e da OMS. De acordo com a Tabela 2.1, os materiais e o ponto de conformidade permanecem inalterados, mas os níveis de concentração durante a análise da amostragem de água foram os seguintes

- Aluminium (Al) – 50 µg/litre
- Iron (Fe) – 50 µg/litre
- Manganese (Mn) – 10 µg/litre
- Turbidity NTU – 1 NTU

(Northumbrian Water Group, 2007)

2.4. Jato de água sob pressão

Uma das formas mais utilizadas de limpeza interna de tubos é o jato de água sob pressão. Normalmente, um equipamento de limpeza pode limpar condutas de água com diâmetros internos que variam entre 8 polegadas (200 mm) e 36 polegadas (900 mm). O equipamento de jato utiliza uma máquina de reciclagem de água e a mesma água é utilizada para limpar condutas de água com comprimentos até 450m. Existe uma grande variedade de tipos de revestimento nas condutas de água que foram limpas, incluindo betume, cimento, fibrocimento, bem como condutas sem revestimento. *"Os testes efectuados em amostras de qualidade da água atestaram o nível extremamente elevado de limpeza alcançado"*. (Kilbride, 2010).

Esta metodologia é adequada para a limpeza de condutas de maiores dimensões. No entanto, as limitações desta técnica residem no facto de só poder limpar comprimentos até 450 m, antes de ser necessário um novo poço de limpeza. Na maioria dos casos, as secções de condutas principais são normalmente mais longas, pelo que é normalmente necessária uma série de poços de limpeza para facilitar estes trabalhos.

2.5. Escavação no gelo

O ice pigging é um conceito de limpeza relativamente novo que tem estado a ser desenvolvido nos últimos 10 anos. O *"ice pigging é um método altamente eficaz e de risco excecionalmente baixo para remover sedimentos, biofilme e outros objectos de condutas pressurizadas"* (Ice Pigging, 2009). Esta técnica inovadora adopta a utilização de lamas de gelo para limpar as condutas. Em termos de risco, a afirmação de "método de baixo risco" pode ser atribuída ao facto de que, se o ice pig ficar preso, simplesmente derrete e não prejudica o abastecimento de água.

Comparado com o método tradicional de jato de pressão, o ice pigging requer menos água (cerca de 50%) e é uma solução sem riscos que deixa os tubos intactos após a limpeza. (Ice Pigging, 2009) *"Demora cerca de metade do tempo e é até 1000 vezes mais eficaz. Quando se considera a massa de sedimentos removidos, o Ice Pigging é significativamente mais económico do que a lavagem e resulta em níveis de intervenção mais baixos"*. A eficácia do ice pigging é 1000 vezes mais eficaz em comparação com a lavagem e não com as metodologias de limpeza convencionais.

Quando o pig de gelo é inserido no tubo, forma-se num semi-líquido e adapta-se à topografia dos tubos, bem como a quaisquer alterações de diâmetro, tornando-se uma solução eficaz e ideal para problemas comuns de pigging (Ice Pigging, 2009).

Isto ilustra que o ice pigging é uma operação rentável, flexível, eficiente e menos arriscada em comparação com outras técnicas de limpeza de tubos atualmente disponíveis.

2.6.   Previsão e controlo da descoloração em sistemas de distribuição (PODDS)

O PODDS é um conceito em desenvolvimento que permitirá às empresas de abastecimento de água afastarem-se, mas não abandonarem completamente, os métodos de limpeza tradicionais, como o jato de pressão ou a pigagem com gelo, e permitir-lhes condicionar remotamente as condutas de água, o que, por sua vez, permite a flexibilidade de aumentar as velocidades de fluxo na rede para limpar os sedimentos que se acumulam regularmente nas condutas.

(Boxall, J e S. Husband, 2016) *"De acordo com a teoria PODDS, tal como demonstrado em condutas de distribuição de menor diâmetro, os caudais acima das necessidades diárias máximas podem levar à mobilização de material das paredes da conduta. Se isto for válido nas condutas principais, então, com um controlo e monitorização adequados, os aumentos de caudal durante o funcionamento normal podem ser utilizados para remover gradualmente as camadas de material acumulado e, assim, reduzir proactivamente o risco de descoloração. Com um controlo adequado do caudal, a concentração (ou turvação) do material arrastado pode ser mantida dentro dos níveis regulamentares, passando pela rede e saindo em segurança do sistema de distribuição através dos pontos de procura"*

A teoria subjacente consiste em condicionar as condutas com uma série de válvulas acionadas eletronicamente (EOV) durante o funcionamento normal; o fecho de uma EOV numa conduta eleva os caudais numa conduta vizinha. O funcionamento das EOVs permitirá que o aumento dos caudais desloque os sedimentos que se acumularam, no entanto, teria de haver um mecanismo para recolher amostras da qualidade da água para garantir que as concentrações de partículas dentro da rede condicionada ainda estão de acordo com os regulamentos da DWI.

2.7.   Conclusão da literatura

Esta revisão da literatura permitiu ao investigador desenvolver um entendimento mais detalhado sobre como ocorre a descoloração, que materiais conduzem a problemas de qualidade da água, medidas em vigor para remover sedimentos e que trabalhos futuros podem ser levados a cabo para se afastar dos métodos tradicionais, mas também para manter uma rede de distribuição bem condicionada para, em última análise, reduzir os contactos de descoloração no futuro.

CAPÍTULO 3

3. METODOLOGIA DE INVESTIGAÇÃO

3.1. Âmbito de aplicação do capítulo

O objetivo desta secção é identificar uma série de metodologias sobre a forma como os trabalhos de limpeza são concluídos, uma avaliação pormenorizada dos trabalhos necessários para limpar as condutas de água, os dados em bruto resultantes do exercício de limpeza, a forma como as amostras de água foram calculadas e confirmar se passaram os critérios de teste da NWG e da DWI.

Tabela 3.1 - Técnicas de limpeza e gama de diâmetros internos

Techniques	Pipe Diameter Range (mm)				
	<205	205 - 563	563 – 610	915 - 610	1370 - 915
Rotary Head	x	x	✓	✓	✓
Jetting Head	✓	✓	x	x	x
Swabbing	✓	✓	✓	✓	x
Flushing	✓	x	x	x	x
Air scouring	✓	x	x	x	x
Ice pigging	✓	✓	x	x	x

Como parte deste estudo, o foco está no jato de pressão e na pigagem com gelo, em que os dados em bruto estavam disponíveis para análise. Ambas as técnicas são capazes de limpar o interior de tubagens até 563 mm, que é geralmente a gama de diâmetros de tubagem existentes na rede.

A metodologia de limpeza da rede de distribuição, quer através de pigagem com gelo quer através de jato de pressão, é demonstrada no esquema abaixo;

Figura 3.1: Esquema da tubagem

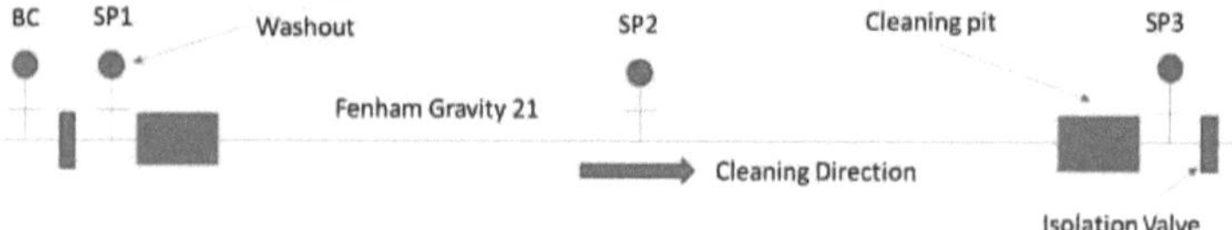

- **BC** - Amostra de comparação de antecedentes
- **SP** - Ponto de amostragem da qualidade da água
- **FG21** - Gravidade de Fenham (troço de conduta 21)

3.2. Metodologia de jato de pressão

O método seguinte foi aplicado para facilitar os trabalhos de jato de pressão;

-A secção da rede que necessita de limpeza deve ser isolada por uma série de válvulas de isolamento. Estas válvulas podem ser existentes ou instaladas na rede para facilitar o isolamento.

-Escavar   até à conduta de água em cada extremidade, conhecida como poço de limpeza, e expor a tubagem.

-Isolar   e drenar a água da tubagem a partir de uma boca de incêndio ou de uma lavagem.

-Cortar   em tubagens vazias e retirar secções de cavilha com 1,5 m de comprimento em cada um dos poços de limpeza.

-Realizar um levantamento CCTV da conduta antes da limpeza.

-Desidratar   , esfregando com um pano para remover qualquer água parada na tubagem.

-Ajustar   o equipamento de jato de acordo com o diâmetro interno do tubo.

-Cabeça de jato enviada pela conduta, que utiliza água a alta pressão para deslocar os sedimentos das paredes internas da conduta.

-Uma vez que   a sonda tenha sido passada ao longo de um determinado comprimento de tubagem, a sonda é devolvida ao local original, puxando para trás qualquer sedimento que tenha sido deslocado para o poço de limpeza.

-É efectuada uma bombagem constante   no poço de limpeza para transportar os sedimentos e a água suja para um sistema de reciclagem/limpeza que permite a reutilização da água durante a limpeza.

O equipamento é removido da tubagem e é concluído um levantamento pós-CCTV e é efectuada a cloração por pulverização, as secções expostas removidas da tubagem são ligadas novamente com uma peça *de "carretel"*.

-A cloração por pulverização   é aplicada às tubagens recentemente limpas.

-A água limpa   de outra secção limpa da conduta, onde as amostras de qualidade da água (WQ) foram aprovadas, é então utilizada para encher o tubo.

-A água é então deixada durante 24 horas e, em seguida, é recolhida uma amostra da qualidade da água em vários locais ao longo da conduta.

-Se   as amostras de qualidade do ar estiverem dentro do limiar dos critérios de ensaio, a tubagem volta a ser abastecida.

- Se as amostras de QA calculadas não estiverem em conformidade com os critérios de ensaio, o processo é repetido e a tubagem é novamente lavada e as amostras são novamente recolhidas. Este processo repete-se até que as amostras de QA estejam dentro dos critérios de ensaio e o coletor possa voltar a ser abastecido.

3.3.   Metodologia de Pigging de Gelo

Para a técnica de pigagem no gelo, é aplicada a seguinte metodologia;

Secção   da conduta de água identificada e instalação de uma boca de incêndio de tamanho adequado para os pontos de entrada e saída de gelo.

-Pré-vistoria CCTV até 50m de cada extremidade.

-As válvulas   da rede devem ser fechadas na secção da rede que necessita de limpeza. À semelhança do jato de pressão, são utilizadas válvulas existentes e novas para facilitar o isolamento.

Introduzir o gelo na conduta através de uma boca de incêndio de passagem ou de uma lavagem a jusante da válvula de isolamento. Quando o gelo tiver sido bombeado para a conduta, é induzido um fluxo através da válvula de isolamento a montante.

-A pressão da água a montante do picador de gelo tem de ser suficiente para empurrar o gelo para baixo da tubagem, o que permite efetivamente que o gelo raspe o interior da tubagem.

O gelo   e os detritos são recolhidos num camião-cisterna no ponto de saída e a lavagem é necessária até ser visível água limpa.

-As amostras de WQ são recolhidas em diferentes locais ao longo da conduta. À semelhança do que acontece com o jato de pressão, se as amostras não cumprirem o programa de ensaios, a metodologia é repetida até que os critérios de ensaio sejam atingidos.

Figura 3.2: Esquema do Ice Pigging

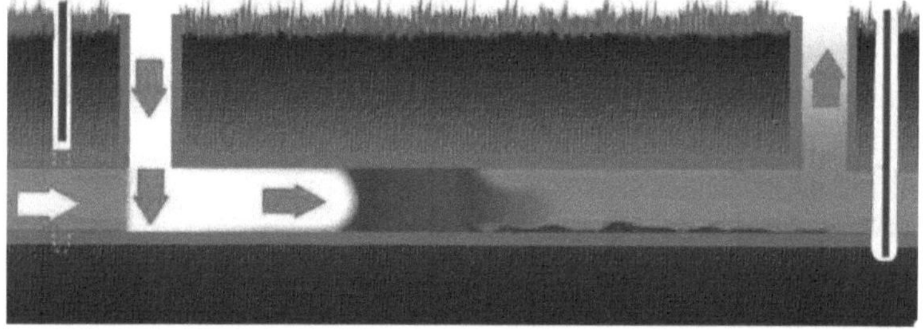

(Image Source: *KCI, 2012*)

Uma vez executadas as metodologias de limpeza, é utilizada uma amostra de comparação de fundo (uma amostra retirada de um coletor que tenha sido recentemente limpo e que tenha cumprido os critérios de ensaio) para determinar as concentrações de partículas na água. Para o calcular, é aplicada a seguinte fórmula;

- **WQ SP1 - Comparação de fundo = Valor do ponto de amostragem 1**

A fórmula é aplicada a cada amostra de WQ recolhida ao longo da conduta em vários pontos pré-determinados, normalmente onde existe um ativo na conduta, seja uma boca de incêndio ou uma lavagem. Se o cálculo determinar que um valor excedeu os critérios do NWG, a conduta de água não pode voltar a ser abastecida e o processo de limpeza é repetido até que todos os valores das amostras cumpram os critérios de teste. Em alguns casos, é possível atingir um valor negativo de qualidade da água. Isto deve-se ao facto de a amostra de água do coletor limpo, comparada com a amostra de fundo, ter concentrações mais baixas do que a amostra de comparação da alimentação, o que conduz a um valor negativo. Isto não significa que não exista concentração dos materiais, mas que esta é inferior ao valor inicial.

O objetivo é analisar os dados de QA disponibilizados por dez secções de tubagens que foram limpas por ice pigging ou jato de pressão, com ambas as metodologias aplicadas cinco vezes cada. Tal como referido na revisão da literatura, uma grande parte das infra-estruturas de água é feita de ferro fundido, no entanto, foram incluídos mais dois materiais de tubagem nesta análise, tendo sido testados os seguintes;

-DICL   (Ductile Iron Cement Lined)

-CICL   (ferro fundido revestido a cimento)

-STBL   (aço revestido a betume)

Para garantir que a qualidade da água da NWG está em conformidade com a de outras empresas de abastecimento de água do Reino Unido e para confirmar que todas cumprem os critérios da DWI, foram recolhidos dados sobre a qualidade da água de outras cinco empresas de abastecimento de água: Southern Trent (ST), Scottish Water (SW), Thames Water (TW), United Utilities (UU) e Yorkshire Water (YW), tendo sido efectuada uma comparação com a NWG. Para cada concentração de minerais, foram registados um valor mínimo, um valor médio e um valor máximo, tendo sido efectuada uma comparação. Desconhece-se se alguma das empresas de água mencionadas adoptou uma abordagem mais rigorosa semelhante à da NWG, pelo que se procedeu a uma comparação em conformidade com os critérios de ensaio da DWI.

Além disso, é feita uma análise dos contactos dos clientes da NWG em relação à descoloração para determinar se os trabalhos de limpeza reduziram os contactos dos clientes na última década. Esta análise baseia-se exclusivamente num mecanismo de reclamação sem incidentes, em que um cliente comunicou a ocorrência de descoloração na sua torneira, mas não se verificou uma rutura na rede na localidade do contacto.

CAPÍTULO 4

4. ANÁLISE E RESULTADOS

4.1. Âmbito de aplicação do capítulo

Este capítulo abrange a análise das amostras da qualidade da água extraídas de dez secções de condutas de água de diferentes materiais, que foram limpas por ice pigging ou jato de pressão. O objetivo é compreender a qualidade da água nestas secções de tubagem e identificar se existe uma correlação entre as metodologias de limpeza que cumprem consistentemente o calendário de testes da NWG na primeira oportunidade e, subsequentemente, o calendário de testes da DWI.

A NWG é obrigada a comunicar anualmente (retorno de junho) à DWI os contactos dos seus clientes em relação à descoloração, que é acessível ao público em geral. Neste relatório, uma análise destes dados desde 2007 visa determinar se estas obras reduziram significativamente os contactos dos clientes em eventos "não incidentes". Um evento *"não incidente"* é um relatório de descoloração quando não houve uma rutura na rede na localidade do contacto da propriedade.

Ambas as técnicas de limpeza requerem um certo grau de obras de engenharia civil (ou seja, obras de habilitação) para aceder à infraestrutura enterrada. Os trabalhos de habilitação podem ser definidos como escavações e trabalhos temporários para permitir o acesso seguro à infraestrutura enterrada. Foi efectuada uma comparação de custos de alto nível para estudar qual dos dois métodos é o mais rentável, menos intrusivo e que poupa tempo.

4.2. Amostras da qualidade da água de condutas limpas

Tal como referido na secção 3, depois de uma secção da conduta ter sido isolada e limpa, é recolhida uma amostra da qualidade da água em dois ou três locais distintos ao longo do comprimento da conduta limpa. A amostra é uma obrigação para certificar que a tubagem foi limpa de acordo com as normas da DWI, mas no caso da NWG, esta é mais rigorosa na sua abordagem ao calendário de testes e, se os critérios forem cumpridos, a tubagem pode voltar a ser fornecida.

O DWI identificou três produtos químicos principais que estão intimamente ligados à descoloração da água e, para garantir que a tubagem está limpa, o

Os seguintes PCV (Concentração ou Valores Prescritos) do NWG para os parâmetros estéticos relevantes de qualidade da água não devem ser excedidos e estão listados abaixo na tabela 4.1;

Tabela 4.1 - Valores PCV

Parameters	PCV
Aluminium	50 µg/l
Iron	50 mg/l
Manganese	10 mg/l
Turbidity	1 NTU

mg/l = milligram/ litre

µg /l = microgram/ litre

NTU = Nephelometric Turbidity Unit

A turvação é conhecida como a turvação de um líquido por uma série de pequenas partículas individuais, que normalmente não são visíveis ao olho humano. A turvação é um teste fundamental da qualidade da água. Embora tenham sido recolhidos dados sobre os níveis de turbidez, estes não fazem parte da análise da qualidade da água.

Segue-se uma análise de dez secções de condutas de água limpas que foram limpas por jato de pressão ou por pigagem com gelo e foi concluída uma análise dos dados relativos à qualidade da água;

4.2.1.   Secção A da tubagem
O material era DICL e tem 400 mm de diâmetro e o comprimento limpo foi de aproximadamente 700 m. O método utilizado foi o ice pigging. Foi recolhida uma amostra em dois locais distintos da conduta e comparada com a comparação de fundo de uma conduta previamente limpa.

Tabela 4.2: Valores das amostras de qualidade da água

Material	Background Comparison	SP 1	SP 2	Sample Value 1	Sample Value 2
Aluminium	6.60	8.10	8.50	1.50	1.90
Iron	18.00	43.01	11.00	25.00	-7.00
Manganese	1.00	1.60	1.40	0.60	0.40
Turbidity	0.17	0.29	0.16	0.12	-0.01

Tal como demonstrado na tabela 4.2, a primeira tentativa de pigmentação com gelo foi bem sucedida. O programa de testes confirmou que a concentração dos materiais estava dentro dos limites e que a tubagem podia voltar a ser fornecida.

Figura 4.1: Gráfico da amostra de qualidade da água da secção de tubagem A

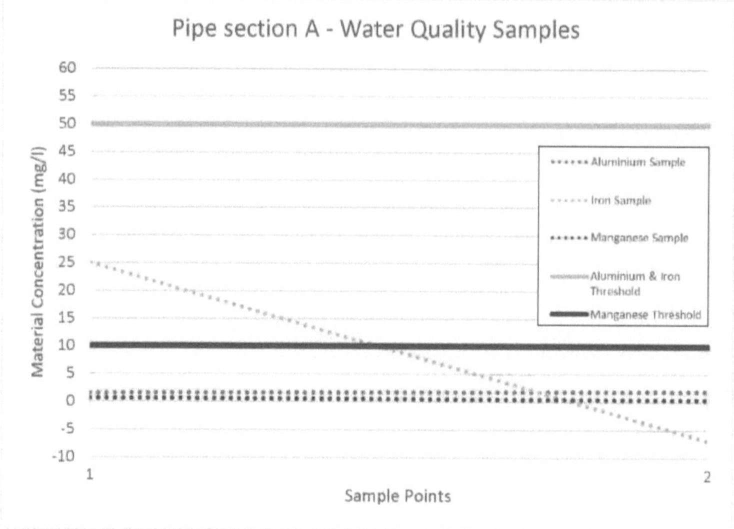

4.2.2. Secção B da tubagem

O material é CICL e tem 650mm de diâmetro e o comprimento limpo foi de aproximadamente 325m. A metodologia de limpeza aplicada foi a de jato de pressão.

Tabela 4.2: Valores das amostras de qualidade da água

Material	Background Comparison	SP 1	SP 2	Sample Value 1	Sample Value 2
Aluminium	8.40	12.00	8.50	3.60	0.10
Iron	4.80	13.00	44.00	8.20	39.20
Manganese	3.10	5.60	9.90	2.50	6.80
Turbidity	0.27	0.31	0.55	0.04	0.28

O calendário de testes demonstrou que o método de limpeza foi bem sucedido na primeira tentativa, mas as amostras de ferro não estavam muito longe de exceder os critérios da NWG, mas todas estavam dentro dos parâmetros da DWI.

Figura 4.2: Gráfico de amostragem da qualidade da água da secção de tubagem B

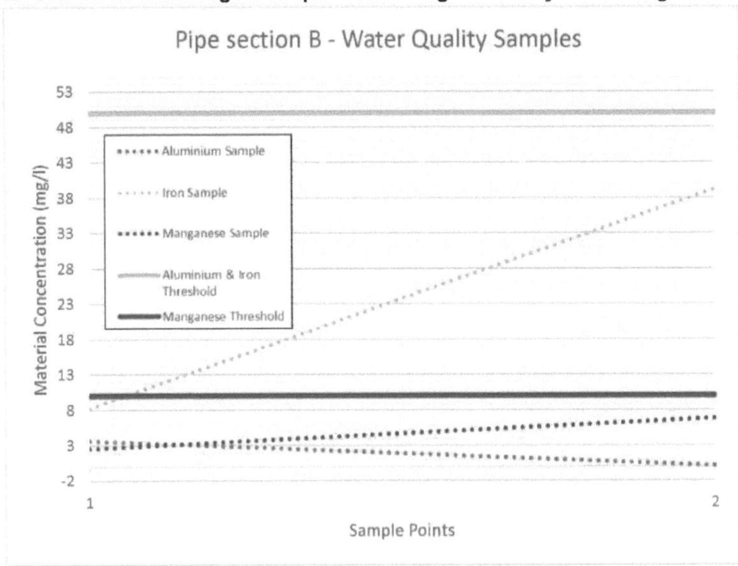

4.2.3. Secção de tubagem C

O material é CICL e tem 900mm de diâmetro e o comprimento limpo foi de aproximadamente 325m. O método utilizado foi o jato de pressão.

Tabela 4.3: Valores da amostra 1 de qualidade da água

Material	Background Comparison	SP 1	SP 2	SP 3	Sample Value 1	Sample Value 2	Sample Value 3
Aluminium	16.00	17.00	18.00	150.00	1.00	2.0	134.00
Iron	14.00	3.50	5.90	63.00	-10.50	-8.10	49.00
Manganese	0.62	0.74	1.50	76.00	0.12	0.88	75.38
Turbidity	0.13	0.08	0.10	1.10	-0.05	-0.03	0.97

A concentração de alumínio e manganês no ponto de amostragem 3 excedeu os critérios de ensaio. Este facto demonstra que, entre os pontos de amostragem 2 e 3, existe uma acumulação significativa de sedimentos de alumínio e manganês que foi deslocada, mas não totalmente removida, pelo que é necessário proceder a uma nova lavagem para remover quaisquer sedimentos residuais e voltar a colher amostras.

Figura 4.3:   Gráfico da amostra de qualidade da água da secção de tubagem C

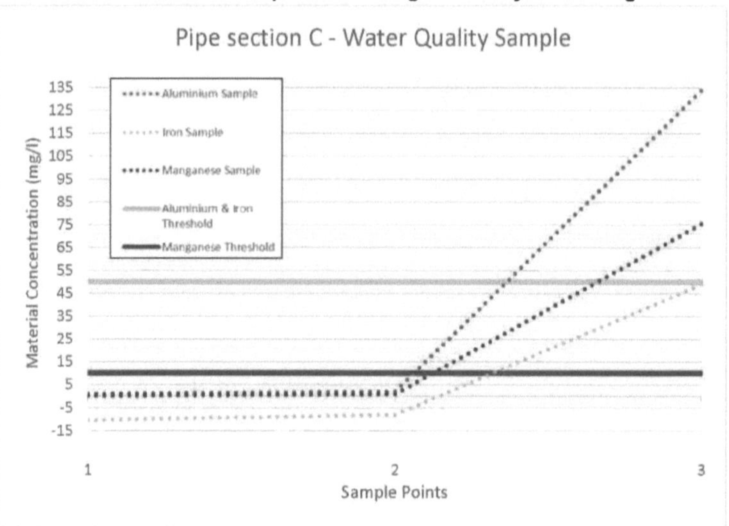

Tabela 4.4: Valores da amostra de qualidade da água 2 após a descarga secundária

Material	Background Comparison	SP 3	Sample Value 3
Aluminium	19.00	19.00	0.00
Iron	23.00	2.00	-21.00
Manganese	1.00	1.50	0.50
Turbidity	0.08	0.08	0.00

Foi necessária uma segunda lavagem para remover os sedimentos remanescentes e uma reamostragem apenas do ponto três. Foram utilizadas amostras de comparação de fundo diferentes da limpeza inicial, uma vez que tinham passado 24 horas desde que foram recolhidas e a reamostragem do fundo principal deu valores diferentes.

Figura 4.4: Gráfico de reamostragem da qualidade da água da secção de tubagem C

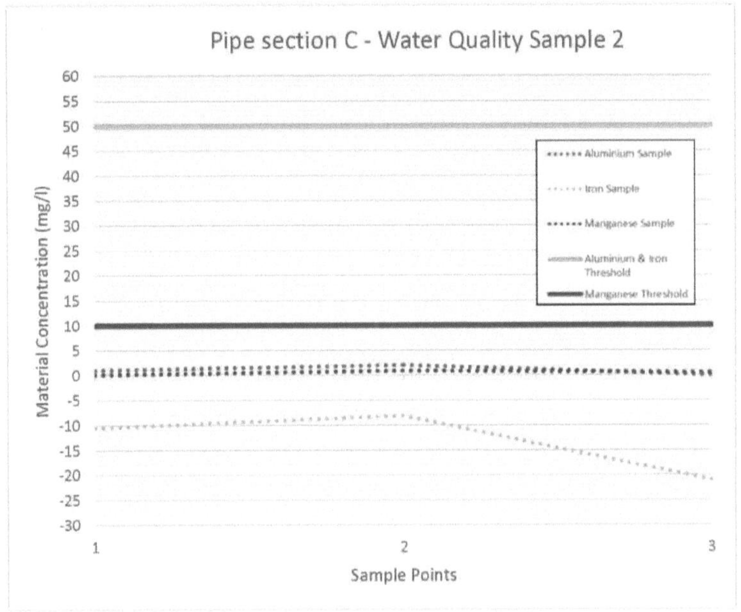

Os jactos de pressão secundária e a lavagem demonstraram que a conduta está agora em conformidade com o programa de ensaios e pode voltar a ser fornecida.

4.2.4. Secção D da tubagem

O material é CICL e tem 355mm de diâmetro e o comprimento limpo foi de aproximadamente 1800m. O método utilizado foi o ice pigging.

Tabela 4.5: Valores das amostras de qualidade da água

Material	Comparison	SP 1	SP 2	Sample Value 1	Sample Value 2
Aluminium	22.00	8.70	35.00	-13.30	13.00
Iron	29.00	5.60	32.00	-23.40	3.00
Manganese	6.80	1.60	11.00	-5.20	4.20
Turbidity	0.19	0.08	0.22	-0.11	0.03

O calendário de testes demonstrou que o método de limpeza foi bem sucedido à primeira tentativa e que a conduta pode voltar a ser fornecida.

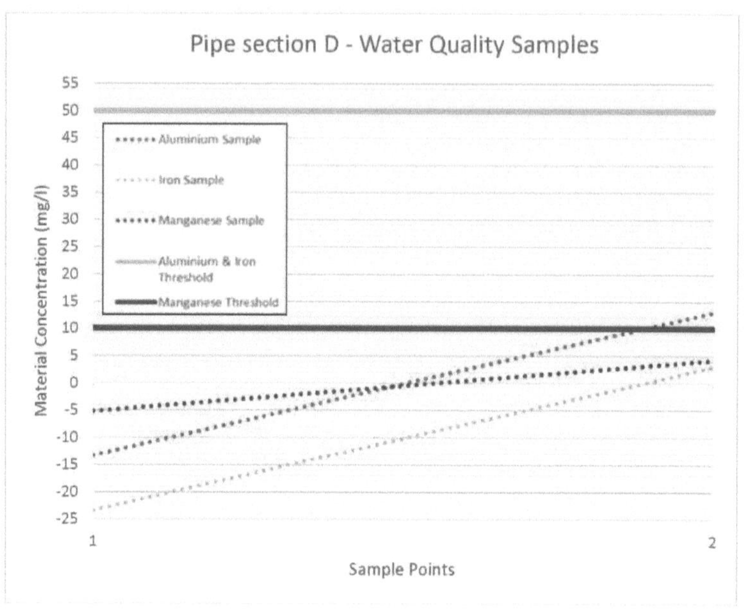

Figura 4.5: Gráfico da amostra de água da secção de tubagem D

4.2.5. Secção de tubagem E

O material é CICL e tem 750mm de diâmetro e o comprimento limpo foi de aproximadamente 480m. O método utilizado foi o jato de pressão.

Tabela 4.6: Valores da amostra 1 da qualidade da água

Material	Background Comparison	SP 1	SP 2	Sample Value 1	Sample Value 2
Aluminium	19.00	50.00	120.00	31.00	101.00
Iron	16.00	57.00	6.10	41.00	-9.90
Manganese	5.90	9.00	5.10	3.10	-0.80
Turbidity	0.32	0.23	0.12	-0.09	-0.20

Na primeira tentativa, os níveis de concentração de alumínio foram excedidos, pelo que o calendário de ensaios não foi satisfeito e o processo foi repetido, tendo sido recolhidas novas amostras.

Tabela 4.6: Valores da reamostragem 1 da qualidade da água

Material	Background Comparison	SP 1	SP 2	Sample Value 1	Sample Value 2
Aluminium	10.00	13.00	13.00	-3.00	-3.00
Iron	12.00	1200.00	16.00	1188.00	4.00
Manganese	5.60	14.00	12.00	7.40	6.40
Turbidity	0.42	0.14	0.33	-0.28	0.09

Na limpeza secundária, o limiar de ferro foi significativamente excedido. Isto deve-se potencialmente ao facto de as partículas de ferro da conduta (que é um material de ferro fundido) se terem depositado no coletor e terem sido mobilizadas na limpeza secundária. Mais uma vez, o programa de ensaios não foi cumprido, pelo que foi necessário efetuar uma nova limpeza e voltar a recolher amostras.

Tabela 4.7: Valores da reamostragem 2 da qualidade da água

Material	Background Comparison	SP 1	SP 2	Sample Value 1	Sample Value 2
Aluminium	14.00	21.00	27.00	7.00	13.00
Iron	5.30	39.00	31.00	33.70	25.70
Manganese	4.20	7.50	9.30	3.30	5.10
Turbidity	0.18	0.15	0.23	-0.03	0.05

A terceira tentativa determinou que o coletor limpo cumpre os critérios de ensaio e pode voltar a ser abastecido. Foram utilizadas amostras de comparação de fundo diferentes da limpeza inicial, uma vez que tinham passado 48 horas desde que foram recolhidas e uma nova amostra do coletor de fundo deu valores diferentes, mas ainda dentro dos limites.

Figura 4.6: Gráfico de reamostragem da qualidade da água do troço de conduta E

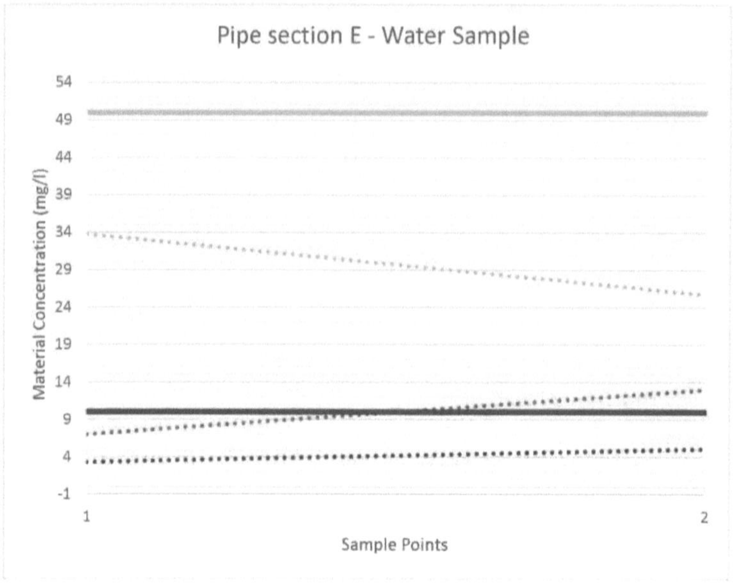

1.1.6.   Secção de tubagem F

O material é CICL e tem 450mm de diâmetro e o comprimento limpo foi de aproximadamente 700m. O método utilizado foi o ice pigging.

Tabela 4.8: Valores das amostras de qualidade da água

Material	Background Comparison	SP 1	SP 2	Sample Value 1	Sample Value 2
Aluminium	6.60	6.90	5.40	0.30	-1.20
Iron	7.40	3.30	6.40	-4.10	-1.00
Manganese	0.67	0.63	0.63	-0.04	-0.04
Turbidity	0.91	1.05	0.99	0.14	0.08

O método de limpeza cumpriu os critérios de ensaio à primeira tentativa e a conduta pôde voltar a ser fornecida. Os níveis de concentração de cada um dos materiais eram muito baixos nesta secção da tubagem.

Figura 4.7: Gráfico da amostra de qualidade da água da secção de tubagem F

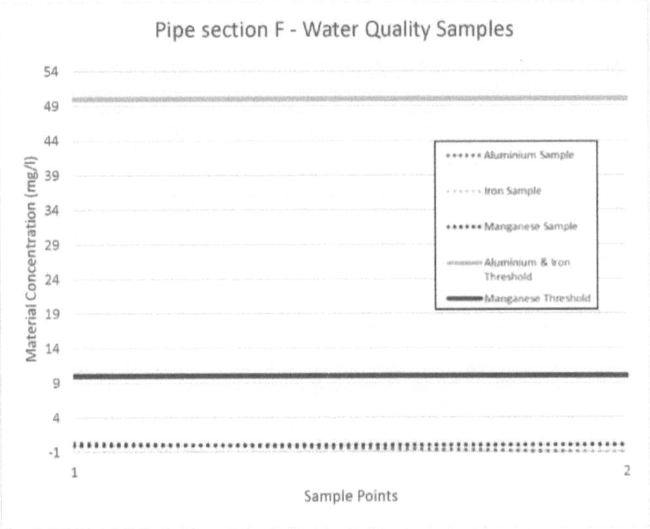

1.1.7. Secção de tubagem G

O material é CICL e tem 825mm de diâmetro e o comprimento limpo foi de aproximadamente 450m. O método utilizado foi o jato de pressão.

Tabela 4.9: Valores das amostras de qualidade da água

Material	Background Comparison	SP 1	SP 2	Sample Value 1	Sample Value 2
Aluminium	11.00	16.00	25.00	5.00	14.00
Iron	2.20	8.10	17.00	5.90	14.80
Manganese	3.00	2.90	4.20	-0.10	1.20
Turbidity	0.08	0.08	0.19	0.00	0.11

O método de limpeza cumpriu os critérios de ensaio à primeira tentativa e o coletor pôde voltar a ser alimentado.

Figura 4.8: Gráfico da amostra de qualidade da água da secção de tubagem G

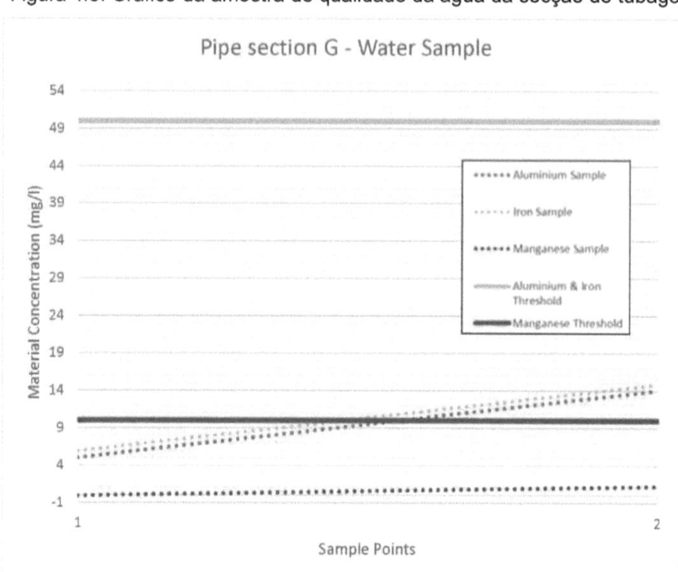

1.1.8.   Secção do tubo H

O material é CICL e tem 450mm de diâmetro e o comprimento limpo foi de aproximadamente 480m. O método utilizado foi o ice pigging.

Tabela 4.10: Valores das amostras de qualidade da água

Material	Background Comparison	SP 1	SP 2	Sample Value 1	Sample Value 2
Aluminium	8.10	9.50	9.70	1.40	1.60
Iron	7.60	3.70	8.70	-3.90	1.10
Manganese	0.49	0.29	1.50	-0.20	1.01
Turbidity	0.19	0.30	0.56	0.11	0.37

O método de limpeza cumpriu os critérios de ensaio à primeira tentativa e o coletor pôde voltar a ser alimentado.

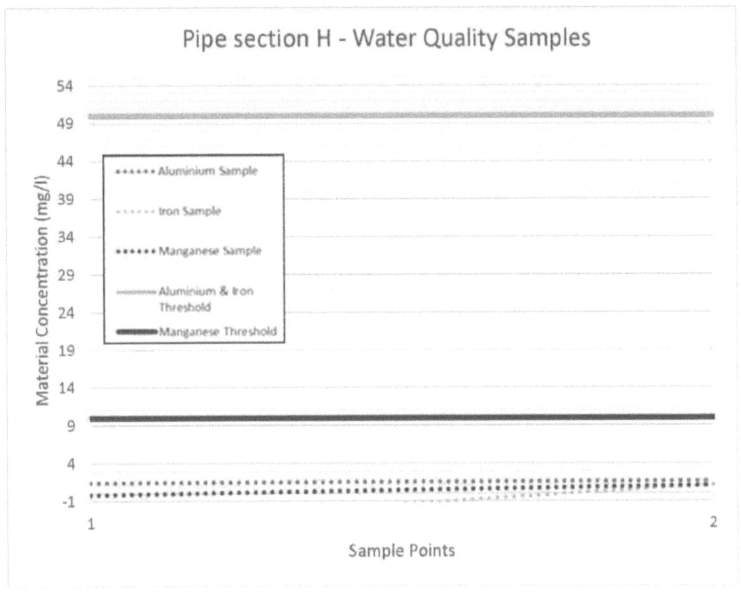

4.9.9.   Secção I do tubo

O material é STBL e tem 300mm de diâmetro e o comprimento limpo foi de aproximadamente 1501m. O método utilizado foi o ice pigging.

Quadro 4.11: Qualidade da água Amostra 1

Material	Background Comparison	SP 1	SP 2	Sample Value 1	Sample Value 2
Aluminium	8.40	8.50	8.30	0.10	-0.10
Iron	12.60	3.60	1.30	-9.00	-11.30
Manganese	0.49	0.69	0.99	0.20	0.50
Turbidity	0.31	0.42	0.68	0.11	0.37

O método de limpeza cumpriu os critérios de ensaio à primeira tentativa e o coletor pôde voltar a ser alimentado.

Figura 4.10:   Gráfico de amostra da secção I do tubo

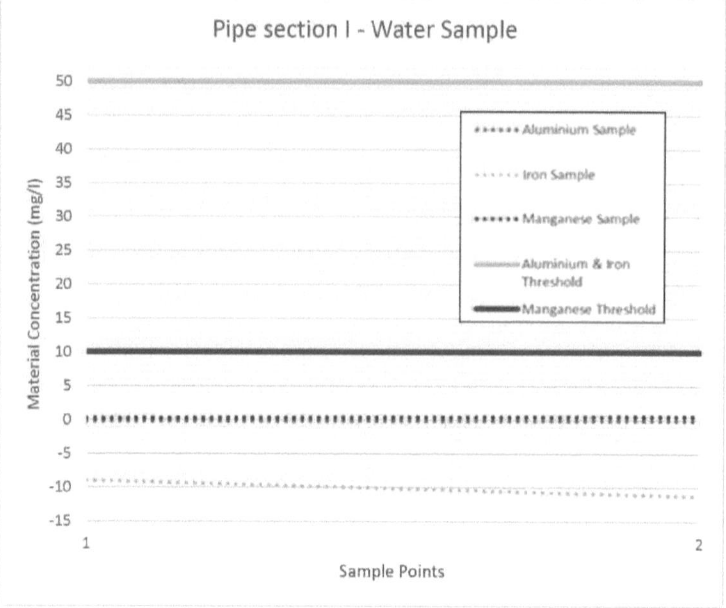

4.2.10. Secção do tubo J

O material é STBL e tem 825mm de diâmetro e o comprimento limpo foi de aproximadamente 480m. O método utilizado foi o jato de pressão.

Tabela 4.11: Valores da amostra 1 da qualidade da água

Material	Background Comparison	SP 1	SP 2	SP 3	Sample Value 1	Sample Value 2	Sample Value 3
Aluminium	5.90	10.00	12.00	6.60	4.10	6.10	0.70
Iron	1.50	1.60	130.00	10.00	0.10	128.50	8.50
Manganese	0.38	0.34	1.30	0.47	-0.04	0.92	0.09
Turbidity*	N/A						

*não existem dados disponíveis para a turbidez

Os dados identificam que o limiar de concentração de ferro foi excedido no ponto de amostragem dois. Os níveis voltaram ao normal no ponto de amostragem três, mas foi necessária uma nova limpeza e uma nova amostragem.

Figura 4.11:   Gráfico de amostra da secção J do tubo

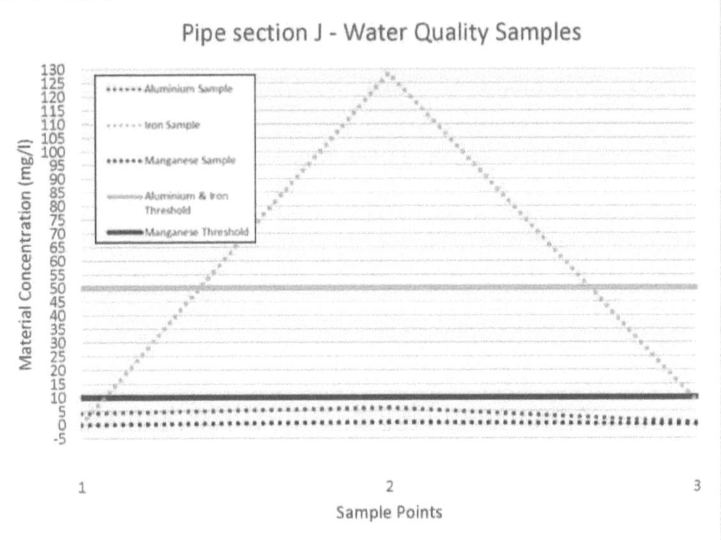

Quadro 4.12: Reamostragem da qualidade da água 1

Material	Background Comparison	SP 1	SP 2	SP 3	Sample Value 1	Sample Value 2	Sample Value 3
Aluminium	5.90	10.00	6.90	6.60	4.10	1.00	0.70
Iron	1.50	1.60	6.00	10.00	0.10	4.50	8.50
Manganese	0.38	0.34	0.41	0.47	-0.04	0.92	0.09
Turbidity*	N/A						

*não existem dados disponíveis para a turbidez

Os dados das amostras anteriores foram utilizados, pelo que apenas foi recolhida uma nova amostra no SP2 24 horas após a limpeza secundária e a lavagem. Esta nova limpeza confirmou que a conduta está em conformidade com os critérios de ensaio, pelo que a conduta pode voltar a ser abastecida.

Figura 4.12:   Gráfico de reamostragem da secção J do tubo

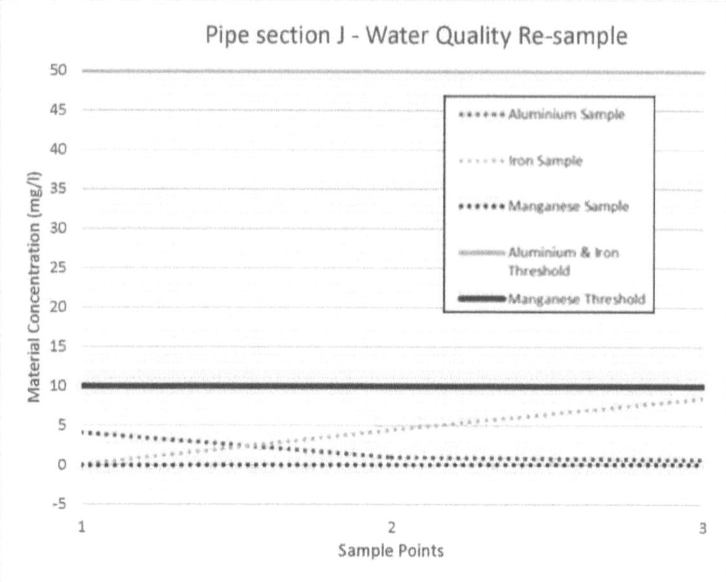

4.3.   Resumo das técnicas de limpeza

A Tabela 4.14 apresenta um resumo geral dos trabalhos de limpeza efectuados, o diâmetro e o material das tubagens a que foi aplicada a metodologia de limpeza e as concentrações de qualidade da água que foram excedidas.

Tabela 4.13: Resumo do método de limpeza

Section	Pipeline Information		Cleaning Method		Water Quality 1st Sample		
Section	Material	Diameter	Ice Pigging	Pressure jetting	Aluminium	Iron	Manganese
A	DICL	400mm	✓	n/a	✓	✓	✓
B	CICL	650mm	n/a	✓	✓	✓	✓
C	CICL	900mm	n/a	✗	✓	✗	✓
D	CICL	355mm	✓	n/a	✓	✓	✓
E	CICL	750mm	n/a	✗	✗	✗	✓
F	CICL	450mm	✓	n/a	✓	✓	✓
G	CICL	825mm	n/a	✓	✓	✓	✓
H	CICL	450mm	✓	n/a	✓	✓	✓
I	STBL	300mm	✓	n/a	✓	✓	✓
J	STBL	750mm	n/a	✗	✓	✗	✓

Isto demonstra que o ice pigging limpou com êxito as condutas de água de acordo com as normas da NWG e, por conseguinte, da DWI em cada uma das cinco ocasiões em que este método foi aplicado. No caso do método de jato de pressão, este só foi bem sucedido à primeira tentativa em duas das cinco ocasiões em que foi aplicado.

Com base no calendário de ensaios estabelecido pelo NWG, nos dois métodos aplicados às dez secções de tubagem, a taxa de aprovação da qualidade da água à primeira vez foi de 70%. Nos casos em que as amostras foram consideradas reprovadas, os valores de reprovação ainda estavam dentro dos limiares da DWI e da OMS, exceto numa ocasião. Se a análise se baseasse exclusivamente no calendário de testes da DWI, a taxa de sucesso de aprovação da qualidade da água à primeira vez aumentaria para 90%.

Das três falhas de amostragem em que a metodologia foi aplicada para jato de pressão, foram as concentrações de ferro que foram excedidas em cada ocasião. Este facto não é inesperado, uma vez que a maioria das condutas em que a limpeza foi efectuada é de ferro fundido, mas, tal como referido anteriormente no relatório, reforça o facto de que uma parte significativa das infra-estruturas de água do Reino Unido, predominantemente feitas de ferro fundido, está no fim da sua vida útil e é agora mais suscetível à corrosão, pelo que é provável que se acumulem mais sedimentos nas condutas e que estes provoquem mais descoloração se não forem periodicamente limpos ou substituídos.

4.4. Dados sobre a qualidade da água de outras empresas de abastecimento de água do Reino Unido

Anualmente, as empresas de água de todo o Reino Unido são obrigadas a monitorizar continuamente e a comunicar as concentrações químicas no seu abastecimento de água, independentemente de haver um contacto do cliente relacionado com questões de qualidade da água. A recolha regular de amostras da água na sua rede destina-se a garantir que o abastecimento de água está em conformidade com os regulamentos da DWI. Foi efectuada uma análise das amostras da NWG em comparação com outras empresas de abastecimento de água do Reino Unido, a fim de determinar qual o fornecedor de água do Reino Unido que fornece a água mais limpa aos seus clientes.

Quadro 4.14: Dados das amostras de qualidade da água da Scottish Water e da NWG

Material	NWG Water Samples			Scottish Water Samples		
	Minimum	Average	Maximum	Minimum	Average	Maximum
Aluminium	6.65	14.64	43.7	16.00	32.06	101.00
Iron	2.45	15.67	28.5	3.60	22.39	162.00
Manganese	0.46	3.44	8.40	1.00	1.64	5.00

Figura 4.13: Comparação da qualidade da água da Scottish Water e da NWG

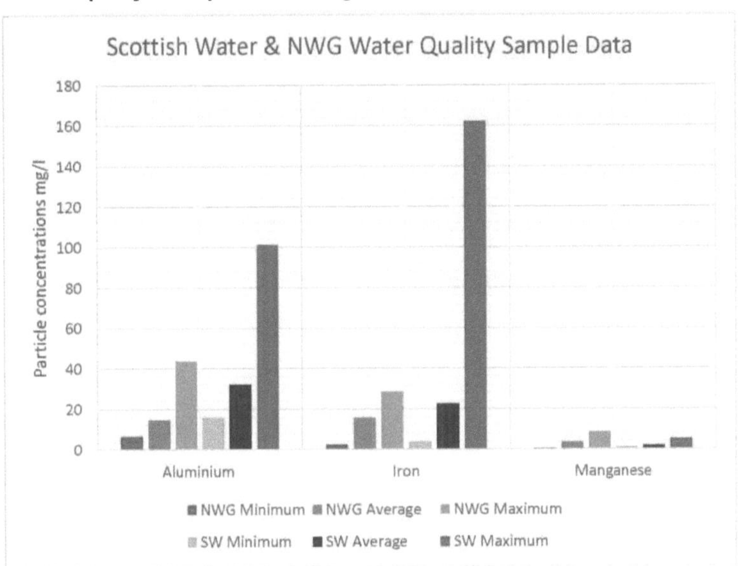

Isto mostra que, em média, a concentração de partículas de alumínio, ferro e manganês é mais elevada na rede de abastecimento da Scottish Water do que na da NWG. As amostras de alumínio da Scottish Water excederam os critérios de ensaio da NWG de 50 mg/l, mas continuam a estar em conformidade com os regulamentos da DWI.

Quadro 4.15: Dados das amostras de qualidade da água da Yorkshire Water e da NWG

Material	NWG Water Samples			Yorkshire Water Samples		
	Minimum	Average	Maximum	Minimum	Average	Maximum
Aluminium	6.65	14.64	43.7	6.88	31.06	146.00
Iron	2.45	15.67	28.5	1.73	15.31	112
Manganese	0.46	3.44	8.40	0.18	1.28	17.5

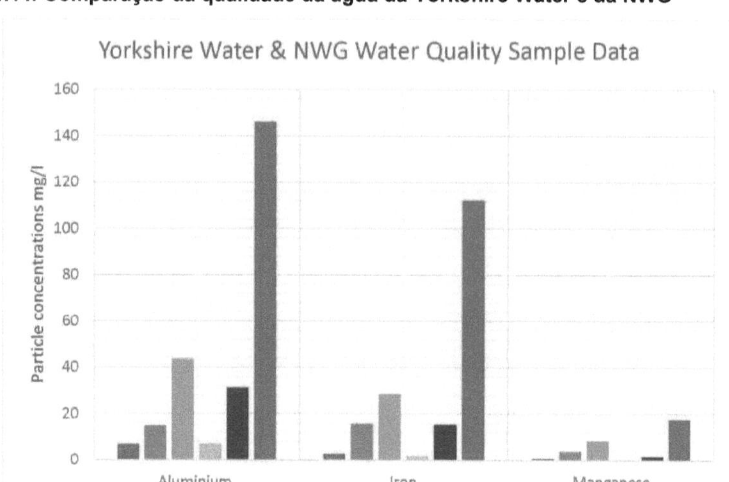

Os valores máximos das três partículas para a Yorkshire Water teriam excedido o calendário de testes da NWG, no entanto, ainda cumprem os regulamentos da DWI, pelo que o seu abastecimento de água ainda está dentro dos limites de segurança para consumo.

Quadro 4.16: Amostras de qualidade da água da NWG e da United Utilities

Material	NWG Water Samples			United Utilities Samples		
	Minimum	Average	Maximum	Minimum	Average	Maximum
Aluminium	6.65	14.64	43.7	2.45	10.2	33.1
Iron	2.45	15.67	28.5	2.25	4.62	7.34
Manganese	0.46	3.44	8.40	7.41	18.4	95.7

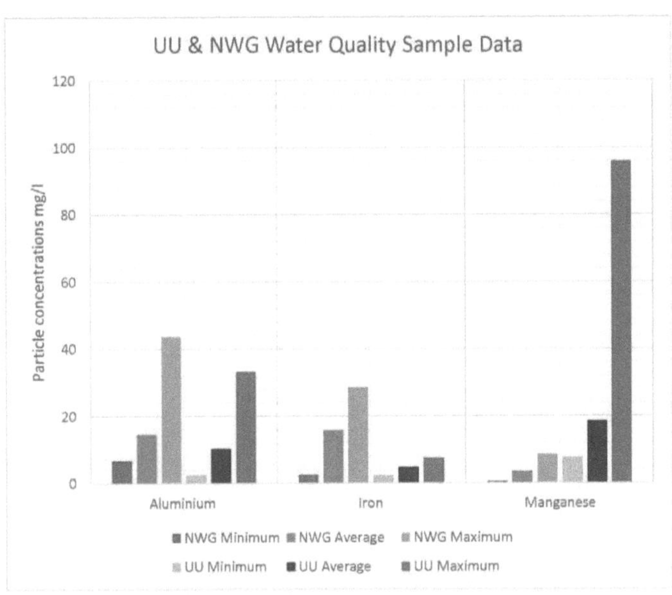

Os valores máximos de alumínio e ferro são inferiores aos níveis de concentração da NWG. No entanto, as partículas máximas de manganês no abastecimento são superiores às da NWG e também excederam os critérios de ensaio da DWI, não significativamente, mas constituem uma falha de conformidade. Os consumidores na localidade da amostra de água correm um risco maior de receber água descolorida e recomenda-se que a rede seja lavada para remover o sedimento que se acumulou na tubagem. O material da tubagem é desconhecido.

Quadro 4.17: Amostras de qualidade da água do NWG e da Thames Water (TW)

Material	NWG Water Samples			United Utilities Samples		
	Minimum	Average	Maximum	Minimum	Average	Maximum
Aluminium	6.65	14.64	43.7	1.40	5.78	15.00
Iron	2.45	15.67	28.5	2.00	3.87	7.34
Manganese	0.46	3.44	8.40	4.60	4.80	5.00

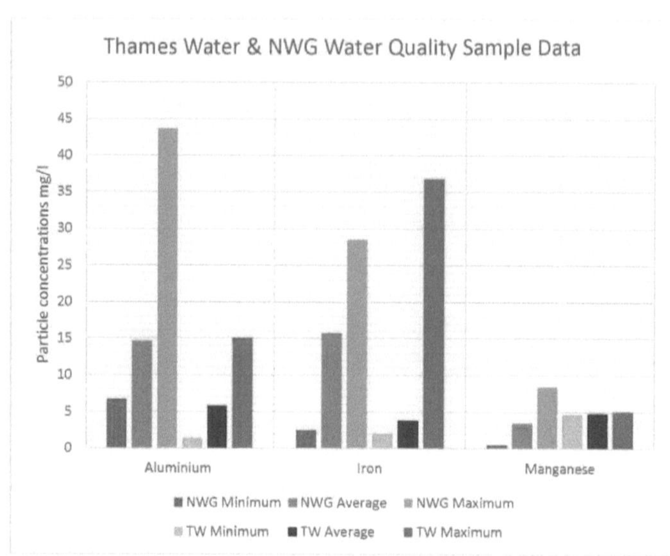

As concentrações de ferro e manganês da NWG eram mais elevadas do que as da Thames Water. As concentrações de ferro eram mais elevadas na água do Tamisa, mas todas as amostras testadas estavam em conformidade com os parâmetros de ensaio da DWI. Todas as amostras de água da Thames teriam igualmente cumprido o calendário de ensaios internos da NWG.

Quadro 4.18: Amostras da qualidade da água do NWG e do Southern Trent

Material	NWG Water Samples			United Utilities Samples		
	Minimum	Average	Maximum	Minimum	Average	Maximum
Aluminium	6.65	14.64	43.7	5.00	9.30	25.00
Iron	2.45	15.67	28.5	10.00	19.00	84.00
Manganese	0.46	3.44	8.40	0.50	1.20	3.76

Figura 4.17: Comparação da qualidade da água de Southern Trent e NWG

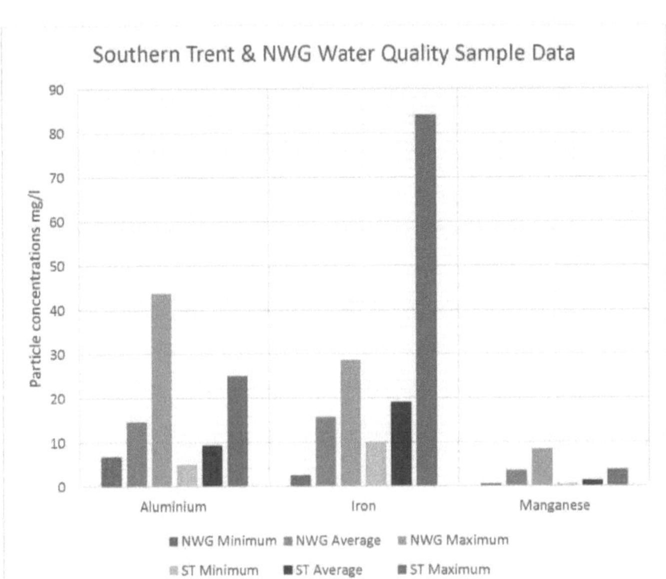

Registaram-se concentrações mais elevadas de ferro e manganês no abastecimento da NWG em comparação com a Southern Trent. As concentrações de alumínio eram mais elevadas no abastecimento de água da NWG. No entanto, todas as amostras colhidas em ambas as empresas de água estavam em conformidade com o calendário de testes da DWI.

De um modo geral, as concentrações de partículas de alumínio, ferro e manganês no abastecimento de água da NWG eram, em média, inferiores às de outras empresas de abastecimento de água no Reino Unido, sendo que uma das concentrações de manganês excedia os parâmetros de ensaio da DWI no âmbito das atribuições da United Utilities, pelo que existe o risco de os consumidores receberem água descolorida.

Há uma série de factores que são atribuídos a concentrações mais baixas, tais como o recente programa de limpeza de obras que a NWG iniciou, o local de origem da água bruta, o processo de tratamento da água bruta e a integridade dos activos existentes pelos quais a água é transportada.

1.5.   Obras de engenharia civil e análise de custos de alto nível

Para aceder e limpar a infraestrutura de água enterrada, há um elemento de obras de engenharia civil que tem de ser concluído para facilitar estes trabalhos. Normalmente, isso implica a conceção de obras temporárias e a realização de trabalhos de habilitação, como a escavação e o escoramento dos poços de limpeza.

1.5.1. Jato de água sob pressão

Isto requer um poço de limpeza, que requer uma série de escavações, inerentemente uma parte significativa da infraestrutura de água está enterrada nas faixas de rodagem, pelo que é necessária uma gestão extensiva do tráfego para uma área de trabalho segura para a equipa de construção, mas também uma área de segregação do público em geral. Dependendo da profundidade da conduta de água, geralmente as trincheiras têm 2,0 m de profundidade, é normalmente necessária maquinaria de grande porte (escavadora e camião basculante) para expor a tubagem e transportar em segurança o material escavado para fora do local. Normalmente, são necessários cerca de cinco dias para concluir a limpeza de uma secção da rede, desde que as amostras passem os critérios de teste à primeira. Isto inclui a escavação, a conclusão dos trabalhos de limpeza e o restabelecimento dos poços de limpeza.

Quadro 4.19: Análise de custos de alto nível do jato de água sob pressão

Item	Cost per day	Comments
Labour	**£500**	On site construction team, designers and operations team.
Machinery	**£750**	Excavator and dump truck.
Traffic Management	**£300**	Temporary traffic lights, road signs, cones and labour force.
Jetting Rig	**£200**	Water pressure rig. On site for duration of works in case further cleaning works are need in case of sample failure.
Total Cost per section	**£8750**	Total costs based on a five day programme of cleaning works.

Por exemplo, para a secção de tubagem A, onde foi realizada a metodologia de jato de pressão, a limpeza dos 700 metros de tubagem custa cerca de **£12,50** por metro.

1.5.2. Escavação de gelo

Em condições semelhantes às da técnica de jato de pressão, nalguns casos, para facilitar a metodologia de pigagem com gelo, é necessário instalar novos activos na rede, como bocas de incêndio, o que requer escavações e escoramento da tubagem exposta. Mais uma vez, a tubagem estava na faixa de rodagem, pelo que foi incluída a gestão do tráfego. Normalmente, é necessário cerca de um dia para concluir a limpeza de uma secção de tubagem com ice pigging, sendo que as amostras passam à primeira.

Quadro 4.20: Análise de custos de alto nível da pigagem no gelo

Item	Cost per day	Comments
Labour	£500	On site construction team, designers and operations team.
Materials	£200	New hydrant to facilitate works.
Machinery	£750	Excavator and dump truck.
Traffic Management	£300	Temporary traffic lights, road signs, cones and labour force.
Ice Pig and Rig	£200	Ice pig and rig On site for duration of works in case further cleaning works are need in case of failure.
Total Cost per section	£1950	Total costs based on a five day programme of cleaning works.

Por exemplo, para a secção de tubagem F, em que foi aplicada a metodologia de pigagem com gelo, a limpeza de 700 m de comprimento de tubagem custa cerca de **£2,78** por metro.

Dos dois métodos de limpeza que foram testados como parte deste estudo, identificou-se que o ice pigging é o método mais rentável em termos de custo por metro, o tempo de programa necessário para limpar comprimentos semelhantes de tubagem e é também menos intrusivo do que o jato de água sob pressão. No entanto, existem limitações em termos do que o ice pigging pode limpar no que respeita aos diâmetros internos dos tubos, sendo o máximo 560 mm.

4.6. Contactos dos clientes em relação à descoloração

Como parte da obrigação da NWG de fornecer aos seus clientes água potável segura e limpa e de garantir que a descoloração não ocorre na torneira do consumidor, o objetivo destes trabalhos de limpeza é reduzir o número de clientes que recebem água descolorida. Antes dos trabalhos de limpeza, a NWG registou todas as queixas dos clientes em relação à descoloração entre 2007 e 2017.

Tabela 4.21 - Reclamações de clientes por descoloração na zona 06 do sistema entre janeiro de 2007 e dezembro de 2011

SZ06	Month				
Year	Jan – Mar	Apr – Jun	July – Sep	Oct - Dec	Yearly Total
2007	147	256	389	123	915
2008	65	142	198	103	508
2009	153	99	201	114	567
2010	71	159	256	136	622
2011	102	91	269	99	561

A partir de 2011, a NWG embarcou no programa de obras de 66 milhões de libras para limpar a sua rede principal de troncos e reduzir as queixas dos clientes por descoloração e os dados foram registados para identificar se houve uma redução dos contactos durante e após a realização das obras.

Tabela 4.22 - Reclamações de clientes por descoloração na zona 06 do sistema entre janeiro de 2012 e dezembro de 2017

SZ06	Month				
Year	Jan – Mar	Apr – Jun	July – Sep	Oct - Dec	Yearly Total
2012	1252	470	430	188	2026
2013	88	222	253	127	690
2014	108	123	146	92	469
2015	107	268	166	62	603
2016	89	108	148	43	388
2017	49	66	50	36	201

Isto demonstra que houve um declínio geral nos contactos de descoloração para eventos não incidentes. No entanto, houve um grande pico de contactos devido a um rebentamento significativo na conduta principal em abril de 2012, que levou a uma diminuição da pressão e a um aumento da velocidade do fluxo, o que, por sua vez, escavou a conduta principal e mobilizou partículas na rede.

Nos últimos 10 anos, e não tendo em conta o incidente "grave", a média de contactos por descoloração diminuiu significativamente e o programa de limpeza foi benéfico para a NWG em termos de não receber sanções financeiras e de o consumidor receber água de alta qualidade.

Embora a redução dos contactos não tenha sido constante, tal deve-se ao facto de o isolamento de partes da rede para facilitar os trabalhos de limpeza acabar por aumentar os caudais noutras condutas e, por conseguinte, o aumento das velocidades pode fazer com que as condutas sejam lavadas, o que pode levar à descoloração noutras partes da rede.

Por exemplo, houve aproximadamente 915 contactos de clientes em 2007, enquanto em 2017 houve apenas 201. Em última análise, o objetivo ambicioso da NWG e de todas as empresas de água do Reino Unido é reduzir os contactos de clientes por descoloração em eventos *"não incidentes"* para *"ZERO"* até 2050.

Figura 4.18: Contactos de descoloração 2007 - 2017

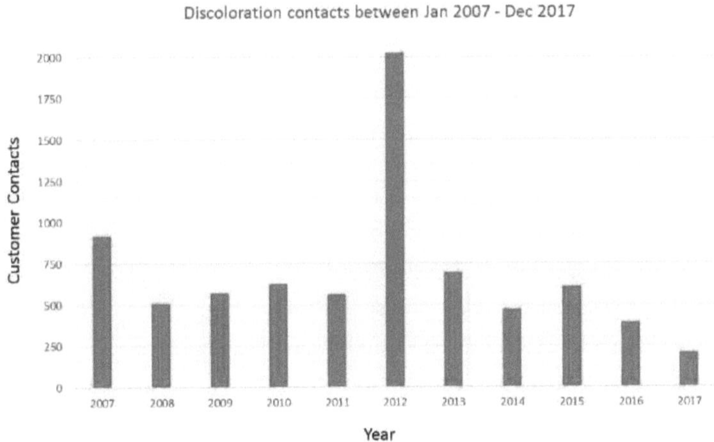

A Figura 4.18 ilustra que existe uma tendência global de diminuição dos contactos dos clientes em resposta à descoloração. Com base nos últimos dados disponíveis, desde 2007 e ao longo da década anterior, os contactos sobre a qualidade da água devido à descoloração diminuíram cerca de 79% no período.

CAPÍTULO 5

5. CONCLUSÃO

Este é um resumo da análise da investigação e dos resultados obtidos ao longo do relatório. A literatura identificou que a descoloração ocorre quando as partículas se acumulam na conduta e são mobilizadas normalmente através do aumento da velocidade do caudal, o que faz com que os sedimentos que se acumularam ao longo do tempo sejam arrastados. Os produtos químicos associados à descoloração foram identificados como ferro e manganês, o que também foi confirmado por amostras da qualidade da água. O alumínio também contribui para a descoloração, uma vez que as partículas podem entrar na rede de distribuição devido ao processo de tratamento, uma vez que é adicionado como coagulante.

Trabalhar na indústria da água deu ao investigador uma plataforma para rever as técnicas de limpeza disponíveis e analisar os dados de qualidade da água disponíveis para identificar qual das metodologias é a mais bem sucedida no cumprimento do calendário de testes do NWG e, subsequentemente, do DWI, na primeira oportunidade. Este estudo demonstrou que, no que diz respeito à limpeza de condutas de água, a pigagem com gelo é um método mais rentável e eficiente de limpeza de tubagens internas devido à sua elevada taxa de sucesso no que diz respeito ao cumprimento dos calendários de testes de qualidade da água, mais rentável por metro de limpeza e menos intrusivo do que a metodologia de jato de água sob pressão. No entanto, com as vantagens que advêm do ice pigging, a principal desvantagem é o facto de apenas ser adequado para tubagens com 18" (563 mm) ou menos. Se for superior a este valor, é necessário adotar uma técnica diferente, como o jato de pressão para limpar as grandes condutas principais, que, na análise dos dados, tem uma taxa de sucesso inferior na primeira passagem.

As concentrações de partículas de alumínio, ferro e manganês no abastecimento de água da NWG eram, em média, inferiores às de outras empresas de água do Reino Unido. Este facto demonstra que o programa de limpeza foi um exercício válido e proporcionou benefícios significativos aos clientes da NWG, uma vez que se espera que recebam água mais limpa na sua fonte. Isto não sugere que outras empresas de água não estejam a fornecer água limpa aos seus consumidores, uma vez que a revisão demonstrou que todas as empresas de água estão em conformidade com os limites de consumo seguro estabelecidos pela

DWI. Há uma série de factores que são atribuídos a concentrações mais baixas, tais como o recente programa de limpeza de obras que a NWG empreendeu, o local de origem da água bruta, o processo de tratamento da água bruta e a integridade dos activos existentes para onde a água tratada é transportada.

Desde 2007, em eventos *"não incidentes"*, os contactos com os clientes diminuíram significativamente na última década. Os contactos diminuíram em cerca de 79% desde o início dos trabalhos de limpeza, o que demonstrou ao investigador que os trabalhos de limpeza foram um investimento sensato.

Para desenvolvimento futuro e agora que uma parte substancial da rede foi limpa, trata-se de um exercício muito dispendioso e intrusivo. Um desenvolvimento atual para o futuro e para manter a redução contínua em futuros eventos de descoloração e sem a necessidade de um programa de limpeza em grande escala, é instalar uma série de EOVs em pontos estratégicos da rede de água. Isto permite flexibilidade nas velocidades de fluxo na rede, e as válvulas podem ser controladas remotamente para condicionar a rede. O processo de conceção subjacente consiste em abrir/fechar a válvula em diferentes percentagens do diâmetro interno da tubagem, o que, por sua vez, aumenta as velocidades de fluxo através da tubagem e, com o aumento das velocidades, estas são suficientes para remover suavemente os sedimentos que se acumularam nas paredes internas da tubagem, mas não o suficiente para limpar o interior da tubagem.

A instalação destes activos exigirá algumas obras civis iniciais. Apesar de ser necessário um investimento inicial, este tem o potencial de poupar milhões de libras no futuro, uma vez que a NWG pode deixar de fazer um investimento em grande escala na limpeza dos seus activos e continuar a condicionar as suas condutas para proteger o futuro abastecimento de água potável. No entanto, isto não impede o facto de uma grande parte da infraestrutura de água do Reino Unido, predominantemente feita de ferro fundido, estar no fim da sua vida útil e necessitar de ser substituída.

Consulte o apêndice A para ver um exemplo de uma câmara EOV projectada para ser instalada na rede de água para facilitar o futuro condicionamento da rede.

CAPÍTULO 6

6.REFERÊNCIAS

Cotruvo, J.A (2017) "2017 WHO Guidelines for Drinking Water Quality: First Addendum to the Fourth Edition", *Journal - American Water Works Association*, **109**, p.2.

Deb, A (2002) "Decision support system for distribution system piping renewal. Denver, CO: *AWWA Research Foundation e American Water Works Association*, p.62. [Em linha].

Disponível em: https://Decisionsupportsystemforsystempipingrenewal.

[Acedido em 27/02/2018]

Segurança da água potável (2009) Londres: Drinking Water Inspectorate, p.58 & 97 [Online]

Disponível em: http://dwi.defra.gov.uk/stakeholders/information/2009.pdf

[Acedido em 01/03/2018]

Ice Pigging UK (2009) *Aplicações para água potável.*

Disponível em: https://www.ice-pigging.Com/en/applications/1/drinking-water

[Acedido em: 29/03/2018]

KCI (2012) *Utilizar gelo para limpar sedimentos em condutas subterrâneas*

Disponível em: http://www.kci.com/icecleansedimentsundergroundmains/

[Acedido em 30/03/2018]

N. D. Tzoupanos & A.I Zouboulis (2008) "Coagulation-flocculation Process in Water/Wastewater Treatment: A aplicação de reagentes químicos de nova geração". *Transferência de Calor, Energia Térmica e Ambiente,* **6,** p.311. [Online].

Disponível em: https://www.researchgate.net/publication/22037Coagulation

[Acedido em 05/03/2018]

Postawa, D. (2013) "Best Practice Guide on the Control of Iron and Manganese in Water Supply (Guias de Boas Práticas sobre Metais e Substâncias Relacionadas na Água Potável)". p.20. [Online]

Disponível em: https://books.google.co.uk/booksonepage&q&f=false

[Acedido em 26/02/2018]

Sly, L., Arunpairojana, V. e Hodgkins, M. (1988) "Applied and Environmental Microbiology", *Deposition of Manganese in a Drinking Water Distribution System,* **50** (3), p.628. [Em linha].

Disponível em: https://www.ncbi.nlm.nih.gov/pmc/articles/PMC183397.pdf

[Acedido em 30/03/2018]

TechAlive (2010) *Processo de Tratamento de Água, Coagulação*

Disponível em: http://techalive.edu/meec/module03/Glossary.htmcoagulation

[Acedido em: 19/04/2018]

Vreeburg, J.H.G. (2008) "Descoloração em sistemas de água potável: Uma abordagem particular". *Water Research*, **40** (16), p.4233. [Online]

Disponível em: https://www.sciencedirect.com/science/article/pii/S00431354

[Acedido em 16/02/2018]

yes

I want morebooks!

Buy your books fast and straightforward online - at one of world's fastest growing online book stores! Environmentally sound due to Print-on-Demand technologies.

Buy your books online at
www.morebooks.shop

Compre os seus livros mais rápido e diretamente na internet, em uma das livrarias on-line com o maior crescimento no mundo! Produção que protege o meio ambiente através das tecnologias de impressão sob demanda.

Compre os seus livros on-line em
www.morebooks.shop

Printed by Books on Demand GmbH, Norderstedt / Germany